LIBERTÉ.   *ÉGALITÉ.*

LA COMMISSION
D'AGRICULTURE ET DES ARTS,
AUX
AUTORITÉS CONSTITUÉES.

DEUXIEME INSTRUCTION.
EXTRACTION DE L'HUILE DE FAINE.

PREMIERE PARTIE.

Réglement pour cette Extraction.

LA Commission, conformément à l'article VII du décret du 28 Fructidor, vient de remplir l'engagement qu'elle avoit pris dans sa première instruction sur la Faîne, celui de s'occuper de l'extraction de son huile. Par suite à ce qu'elle a arrêté précédemment, elle ajoute :

Faîne. Au reçu de la présente instruction, les agens nationaux de chaque Municipalité constateront s'il reste encore de la Faîne à ramasser, soit dans les forêts et bois nationaux, soit dans les propriétés particulières de leur arrondissement ; ils enverront sur le champ le résultat de leur examen à leurs directoires de districts, afin qu'ils prennent les mesures les plus promptes pour la faire récolter s'il y a lieu.

Chaque particulier qui aura plus de cent livres de Faîne, sera obligé de déclarer la quantité excédente, à sa Municipalité ; cette Municipalité fera passer à son directoire de district un état de ces déclarations, après s'être assurée de leur exactitude.

A

Chaque Directoire de district envejra à la Commission, dans le plus bref délai possible, un état de la Faîne, calculée au poids, qui sera entre les mains des particuliers, et dans les magasins nationaux.

Chaque autorité constituée veillera à ce que toute la Faîne au pouvoir des citoyens, soit conservée pour être convertie en huile ; elle informera la Commission de tout autre emploi détourné qui pourroit en être fait.

Tout particulier cependant, qui voudra semer de la Faîne, en aura le droit ; il en obtiendra dans les magasins nationaux ou ailleurs, sur un certificat de sa Municipalité, qui constatera qu'il est en effet dans le cas de semer la quantité qu'il réclame.

Toute la Faîne qui ne peut être ramassée maintenant à cause de la chûte des neiges, sera recueillie aussi-tôt que leur fonte rendra cette récolte possible. Cette Faîne pourra fournir encore de l'huile très-susceptible d'être employée.

Extraction.

Tout particulier peut faire ou faire faire de l'huile de Faîne, soit qu'il se procure de la Faîne dans les magasins nationaux, au prix qui a déjà été fixé dans la première instruction, soit qu'il en achète de gré à gré de ceux qui en auroient en leur possession.

Toute la Faîne dont l'huile ne sera point extraite par les particuliers, le sera pour le compte de la Nation, d'après les ordres des Directoires de Districts, et conformément aux règles suivantes.

Toute dépense relative à cette extraction ou autre, ainsi que les récoltes relatives aux ventes de Faîne des magasins nationaux, seront prises ou versées dans les caisses de districts, à la charge par les directoires de districts de donner, d'avance, avis à la Commission, autant que cela se pourra, du montant de ces dépenses, afin qu'elle l'y fasse verser par la trésorerie nationale.

Presses et Moulins.

Les presses et moulins nationaux ou particuliers, déjà consacrés à la fabrication des huiles, ou tous autres qui pourroient y être employés, construits ou à construire, le seront pour celle de Faîne, à mesure du besoin ; le prix en sera fixé comme instrumens relatifs aux manufactures et aux arts, d'après l'art. IX de l'arrêté du Comité de Salut public du 11 prairial.

Pour les districts dans lesquels il n'y a point de ces moulins ou presses, ou dans lesquels ils seroient en nombre insuffisans, il en sera promptement établi d'après l'autorisation de la Commission ; ces autorisations ne seront données par elles que sur l'avis des directoires de districts, et d'après des devis exacts, approuvés par eux autant qu'il sera possible. Les agens devront prononcer aussi sur l'utilité de ces établissemens et sur leur valeur.

Ces établissemens seront loués ou vendus et administrés comme toutes les propriétés nationales.

Tout particulier qui voudra construire pour son compte des moulins ou presses, et qui auroit besoin pour cet effet d'avances de fonds, en obtiendra de la Commission, sur l'avis des directoires ou des Agens de la Commission, à la charge de fournir une caution solvable, et du remboursement sans intérêts de ces fonds, dans un espace de tems dont on conviendra.

Tonneaux ou autres vases. Les Arrêtés du Comité de Salut public des 26 Floréal et 11 Messidor, celui de la Commission de Commerce y relatif, seront applicables aux tonneaux nécessaires à la conservation de l'huile de Faîne.

Dans le cas d'insuffisance de ceux qui existent et des merrains débités, les Autorités constituées ou les Agens de la Commission lui en donneront avis; ils lui indiqueront si, parmi les coupes de bois en activité, il y en auroit de convenable à cet usage, afin que la Commission s'entende avec celle des Revenus nationaux, pour que ces bois soient destinés à cet emploi.

Tout particulier qui voudra entreprendre pour son compte ou celui de la République, des constructions de tonneaux ou de vases quelconques, propres à contenir de l'huile, comme jarres, pots de grès, etc., recevra tous les encouragemens nécessaires à son but, suivant les formes prescrites ci-devant pour les moulins et presses.

La Commission de Commerce ou ses Agens sont invités à donner connoissance à la Commission ou à ses Agens, de tous les tonneaux disponibles, propres à contenir de l'huile, qui sont dans les magasins de la République.

Huile. Chaque particulier qui aura extrait plus de vingt livres d'huile de Faîne, sera obligé de déclarer, tous les mois, à sa Municipalité, la quantité qu'il fera, excédente à ces vingt livres, comptées une fois pour toutes. Après s'être assurées de l'exactitude de ces déclarations, les Municipalités en feront passer l'état à leur directoire de district.

Chaque directoire de district enverra, à la fin de chaque mois, à la Commission, à commencer du dernier Frimaire, un état de l'huile extraite par les particuliers et pour le compte de la République.

A mesure de l'extraction de l'huile faite pour le compte de la Nation, la Commission en donnera avis à la Commission de Commerce, afin qu'elle avise aux meilleurs moyens pour la livrer à la circulation.

Gardes-magasins. L'huile extraite pour le compte de la République, sera déposée aussitôt dans des magasins convenables, sous la responsabilité des gardes-magasins de la Faîne. Ils fourniront des reçus du poids qui leur sera livré ; ces reçus seront renvoyés à la Commission par les Directoires de Districts. Chaque garde-magasin tiendra un registre bien en règle ; il fera faire les soutirages, constatera les déchets , marquera d'un N° chaque vase qui contiendra de l'huile ; ce N° sera rapporté sur le registre, et servira à reconnoître la qualité de l'huile.

Tourteaux. **Tous** les pains d'huile restans après l'extraction faite pour le compte de la République, seront vendus , par parties , à l'enchère, pour servir à la nourriture des animaux.

Agens de la Commission. **Les** Agens de la Commission lui rendront compte de l'exécution du présent arrêté, ainsi que de celui qui l'a précédé.

Ils pourront requérir des Directoires de Districts , la nomination de Commissaires lorsqu'il le croiront utile à leurs travaux ; ces Commissaires devront correspondre avec eux.

Noms des Agens envoyés pour la Faîne ; avec les noms des départemens qu'ils doivent parcourir.

Noms des Agens.	Départemens.
Ovide.	Aude , Arriège , Hautes-Pyrénées, Pyrénées orientales.
Colrat et Giguet.	Basses-Pyrénées , Landes , Gers , Hérault , Tarn , Aveiron , Gard , Lozère.
Duprat.	Ardèche , Loire , Cantal, Isère , Rhône et Loire , Drôme , Puy-de-Dôme.
Desgranges.	Creuse , Allier , Saône et Loire , Haute-Vienne.
Muron.	Indre , Indre et Loire, Loire et Cher, Cher.
Sauget.	Nièvre , Yonne, Aube, Côte-d'Or.
Leguin.	Jura, Ain, Mont-Blanc, Doubs.
Cosson.	Saône (haute), Rhin (haut), Vosges , Marne (haute), Mont-Terrible.
Vallery.	Rhin (bas), Meurthe, Moselle , Meuse.
Beaulard.	Ardennes , Aisne , Nord.
Devisme.	Seine Inférieure , Eure , Calvados.
Duclos.	Pas-de-Calais , Somme , Oise.
Després.	Eure et Loire , Orne , Sarthe.
Chauvin.	Mayenne , Mayenne et Loire , Loire Inférieure , Vengé , les deux Sèvres.
Debesse.	Manche , Isle et Vilaine.
Dubreton.	Côtes du Nord, Morbihan , Finistère.
West.	Marne , Seine et Marne , Seine et Oise.

EXTRAIT

DES REGISTRES DU COMITÉ DE SALUT PUBLIC

DE LA CONVENTION NATIONALE.

Du 26ᵉ jour du mois Floréal, l'an deuxieme de la République Françoise une et indivisible.

SUR le rapport fait par la Commission de Commerce et Approvisionnemens , de l'inconvénient qui pourroit résulter de la mauvaise administration des futailles mises en réquisition par la Commission des Armes et Poudres ,

Le Comité de Salut Public arrête :

ARTICLE PREMIER.

Les citoyens chargés de conduire et diriger la fabrication du salpêtre dans toute l'étendue de la République , seront tenus , dans les vingt-quatre heures de la publication du présent arrêté , de faire une déclaration exacte au comité révolutionnaire de leur arrondissement, de la quantité de futailles qu'ils ont eue à leur disposition , de celles qui leur restent, et de celles dont ils peuvent avoir besoin pour continuer leurs opérations.

ARTICLE II.

Les Comités révolutionnaires tiendront registre de ces déclarations, et feront les vérifications nécessaires pour s'assurer de leur exactitude ; ils feront fournir dans le plus bref délai, aux ateliers le nombre de futailles qui auront été jugées nécessaires , pour continuer et mettre à fin l'opération du salpêtre.

ARTICLE III.

Aussitôt après qu'il aura été fourni aux ateliers les futailles nécessaires , les réquisitions cesseront, et les propriétaires de futailles pourront en disposer librement comme bon leur semblera.

ARTICLE IV.

Dans chaque section ou canton de la République, les citoyens employés pour conduire et diriger la fabrication du salpêtre, seront tenus, sous leur responsabilité, de surveiller l'emploi des futailles ; et de ne laisser employer que celles qui seront strictement nécessaires ; ils feront réparer celles qui se trouveront en mauvais état, et s'opposeront à ce qu'il en soit défoncé aucune ; ils dénonceront aux Comités révolutionnaires, ceux qui se permettroient de les défoncer, soit pour les brûler dans les ateliers, soit pour en faire leur profit particulier.

ARTICLE V.

Ceux qui contreviendront au présent Arrêté, ou qui, ayant connoissance de quelque délit, ne le dénonceroient pas, seront regardés comme suspects, et traités comme tels.

Le présent Arrêté sera envoyé à la Commission des armes et poudres et à la Commission du commerce, chargées d'en surveiller l'exécution.

Signé au registre, R. LINDET, CARNOT, ROBESPIERRE, BILLAUD-VARENNE, COUTHON, COLLOT-D'HERBOIS, C. A. PRIEUR, B. BARRERE.

Pour extrait, Signé CARNOT, B. BARRERE, R. LINDET.

EXTRAIT du registre des arrêtés du Comité de Salut Public de la Convention Nationale, du 11 Messidor, l'an II de la République Françoise une et indivisible.

Sur le rapport de la Commission du Commerce et Approvisionnemens, le Comité de Salut Public arrête :

ARTICLE PREMIER.

Les tonneaux, tant neufs que vieux, seront maximés dans l'étendue de la République.

ARTICLE II.

Les Agens nationaux près les Districts, procéderont sans délai à la fixation de ce maximum.

ARTICLE III.

Pour former ce maximum, les Agens nationaux prendront pour base, le prix le plus fort que les tonneaux ont valu dans une année, en partant depuis et compris 1785, jusqu'en 1792, et en ajoutant le tiers en sus de ce prix, qui sera en outre déterminé progressivement à la jauge que comportera chaque tonneau.

ARTICLE IV.

La Commission du Commerce est chargée de faire exécuter le présent arrêté, et d'en envoyer copie aux Agens nationaux près les Districts.

Signé au registre, R. LINDET, CARNOT, COUTHON, B. BARRERE, ROBESPIERRE, BILLAUD-VARENNE, COLLOT-D'HERBOIS.

Pour extrait. Signé BILLAUD-VARENNE, CARNOT, R. LINDET.

EXTRAIT du registre des délibérations de la Commission de Commerce et Approvisionnemens de la République.

Séance du 14 Messidor, l'an II de la République françoise une et indivisible.

ARTICLE PREMIER.

Conformément à l'arrêté du Comité de Salut Public, du 26 Floréal, il ne sera réservé pour les opérations des ateliers de salpêtre, que le nombre de futailles indispensables à cette partie du service public, y compris celles qui ne pourroient être employées à contenir le vin ; le surplus sera livré, sans délai, au cours du commerce.

ARTICLE II.

En exécution de la loi du 15 Floréal, qui met en réquisition ceux qui contribuent à la manipulation, aux transports et au débit des denrées et marchandises de première nécessité, les Administrations de District tiendront la main à ce que les tonneliers et ouvriers occupés précédemment à la construction des tonneaux, poinçons et cuves, continuent de se livrer, sans interruption, à ces travaux ; ils veilleront de même à ce que les bois destinés à la construction de ces vases ne soient enlevés, sous aucun prétexte, à la circulation.

ARTICLE III.

En conséquence, aucun tonnelier ne pourra conserver de ces bois, ainsi que des cercles et osiers propres au reliage, que la quantité suffisante pour alimenter ses ateliers jusqu'à la récolte des vins ; l'excédent sera requis par l'Administration du District, pour être mis en œuvre dans les ateliers de son arrondissement, qui pourroient être dépourvus de ces bois, sinon ils seront livrés au commerce, à l'instar des bois existans chez les marchands.

ARTICLE IV.

Tout tonnelier qui aura fait constater, par l'administration de son District, l'impossibilité de s'y procurer des douelles, douves, fonds, cercles, osiers, etc., qui lui seront nécessaires, pourra se présenter dans tel autre District qu'il jugera convenable ; et sur l'exhibition de son certificat, constatant l'étendue de ses besoins, les Administrations ne pourront se refuser à lui faire délivrer les objets qu'il réclamera, lorsque les ressources excéderont la consommation présumée,

ARTICLE V.

Les tonneaux et futailles seront payés, conformément aux loix qui règlent le prix des denrées et marchandises, et à l'arrêté du Comité de Salut Public, du 11 Messidor, relatif à la taxe de ces objets ; il est expressément recommandé aux Administrateurs de District, de veiller à l'exécution de ces loix et arrêtés, ainsi que de la loi contre les accaparemens, tant à l'égard des marchands de bois et merrains, que des marchands de tonneaux et futailles.

ARTICLE VI.

Expédition du présent arrêté sera envoyée à toutes les Administrations de Districts, pour qu'elles aient à s'y conformer, sans aucun délai, et à le transmettre aux municipalités de leurs arrondissemens respectifs.

Signé J. C. PICQUIT.

DEUXIEME

DEUXIEME PARTIE.

Pratique de la Fabrication de l'Huile de Faîne.

1º PROCÉDÉS.

Faîne. LA Faîne ou graine de hêtre est contenue dans une capsule, ou coque d'où elle s'échappe naturellement. Cette graine et cette capsule ont beaucoup de rapport avec celles du châtaignier.

Cette graine, comme la châtaigne, est recouverte à l'extérieur d'une peau coriace assez épaisse, ensuite d'une pellicule mince, plus adhérente à l'amande qu'à la première peau; entre ces deux enveloppes se trouve un duvet très-fin.

Cette amande, comme toutes les autres, contient dans son parenchyme ou partie charnue, du mucilage et de l'huile.

Cette huile qu'on n'obtient qu'en brisant les cellules qui la recèlent, est liée intimement au mucilage; l'eau chaude sur-tout a la propriété de s'emparer de ce mucilage, et par la pression de laisser couler l'huile librement.

L'eau s'empare encore du principe sapide du parenchyme, dont l'huile se charge par ce moyen; alors, de fade qu'eût été cette huile, elle acquiert de la saveur.

La Faîne ne contient beaucoup d'huile qu'à sa parfaite maturité; cette huile ne s'obtient facilement que lorsque la Faîne est bien sèche. La Faîne se conserve dans des lieux secs et froids pendant plusieurs années.

Le tems le plus favorable pour en extraire l'huile, est depuis le commencement de frimaire jusqu'à la fin de ventôse; plus tôt, la Faîne ne seroit pas assez faite; plus tard, la chaleur altéreroit la graine et l'huile.

Sa préparation. IL est utile pour la qualité de l'huile, que la Faîne soit aussi nette que saine; le criblage et le vannage sépareront les corps étrangers et les mauvaises graines.

Il a été parlé dans la première instruction du crible; le van est connu de tous les citoyens, il doit être plus léger que lourd, afin que tout le monde puisse s'en servir; en l'agitant en différens sens, on ramène à la surface les corps les plus légers, qui n'ont pu être séparés par le crible; une partie est emportée par le courant d'air, le reste est rejeté avec la main.

B

Un moyen plus prompt, mais plus imparfait, de suppléer au van ; c'est de jeter la Faîne en l'air avec une pelle, de sorte que le courant d'air puisse emporter avec lui les corps légers.

Le meilleur moyen de tous, celui qui seul suppléer au criblage et au vannage, c'est l'emploi du tarare ou crible à vent. Par cet instrument, on sépare les corps suivant leur grosseur, leur pesanteur, leur légèreté ; son action est très-prompte, son opération très-exacte. Il peut être mû à bras, ou adapté à l'aide d'une poulie de renvoi, à une machine quelconque, dont la force motrice pourroit recevoir cette addition ; par exemple à un moulin à farine.

On peut, pour les petites quantités, trier les bonnes graines sur une table, comme on le pratique pour les pois, lentilles, etc.

On peut aussi après le criblage, jeter la Faîne dans un baquet rempli d'eau ; les mauvaises graines et les corps légers resteront à la surface, et peuvent alors être enlevés facilement. Ce procédé cependant est infidèle, en ce qu'il y a telle graine qui reste à la surface, quoique bonne, parce que son enveloppe est plus grande à proportion que son amande n'est grosse. Un deuxième inconvénient de cette épuration à l'eau, c'est celui qui résulte de l'humidité que contracte la Faîne, si elle n'est pas employée sur-le-champ, et la difficulté qui augmente pour l'écorçage dans le cas où l'on voudroit le pratiquer.

De ceci l'on doit conclure que le tarare est préférable à tout autre moyen.

Emploi des graines entières. En général, on extrait l'huile de la Faîne sans enlever son écorce : voici les inconvéniens qui en résultent. Il y a une perte d'huile qu'on peut évaluer jusqu'à un septième, parce que l'écorce et le duvet qui est dessous, absorbent de l'huile pendant l'action de la presse ; l'huile est moins douce, parce que l'écorce lui communique une saveur plus ou moins forte ; elle dépose davantage, puisque l'huile, en coulant, entraîne avec elle toutes les parties les plus fines qui lui sont étrangères ; enfin, parce que l'écorce étant mêlée dans les tourteaux avec la pâte de l'amande, ils sont très-peu propres à la nourriture des animaux.

Emploi des graines écorcées. L'ÉCORÇAGE est la séparation de la peau coriace qui recouvre l'amande, et qui lui est adhérente.

Après ce qui vient d'être exposé, il résulte de grands avantages de cet écorçage ou mondage de la Faîne ; on obtient par ce moyen plus d'huile, et meilleure, et si, comme l'expérience l'a démontré, cette opération est facile, il n'y aura aucun prétexte pour ne pas l'adopter.

Pour écorcer ou monder la Faîne avec succès, il faut qu'elle soit sèche ; lorsqu'elle l'est suffisamment, l'écorce s'éclate entre les doigts ; lorsqu'elle ne l'est pas assez, on doit la faire sécher artificiellement.

On peut en petit écorcer la Faîne à la main ; des femmes ou des enfans font cette opération avec assez de promptitude : pour cela les uns coupent l'écorce à l'une des extrémités de la graine, les autres en font sortir l'amande.

Cette méthode longue qu'on ne doit guère employer que pour faire une huile très-parfaite, n'enlève point la pellicule adhérente à l'amande ; cependant cette pellicule communique à l'huile une saveur qui lui est étrangère, et en absorbe une petite partie ; on peut s'en débarrasser en secouant les amandes dans un sac ; le frottement la détachera, le vanage la séparera entièrement.

On peut encore emporter l'écorce dans de petits moulins, comme ceux à poivre, à café, lorsque l'on aura la possibilité d'écarter assez la noix, pour que l'écorce soit éclatée, sans que l'amande soit sensiblement attaquée.

On peut aussi faire sécher la Faîne sur des plaques de tôle un peu chaudes ; on les remue comme du café dans une poêle ; les écorces s'ouvrent en les battant ou frottant légèrement, elles se détachent ensuite complètement. Si l'amande qui est séparée de son écorce par ce procédé, étoit destinée à faire de très-bonne huile, il faudroit que la chaleur fût très-modérée ; celle d'un four après la sortie du pain seroit assez convenable.

Le meilleur moyen pour opérer en grand la séparation de l'écorce, c'est de faire passer la Faîne sous des meules de moulins à farine ; on les écarte, de sorte qu'il n'y a que l'écorce d'attaquée, un léger tâtonnement suffit pour connoître ce point juste : cette opération se pratique dans beaucoup d'endroits pour le mondage de diverses espèces de grains. Il est préférable pour la facilité de l'ajustage des meules, ou leur parallélisme, qu'elles aient moins de diamètre que plus.

La Faîne écorcée doit être employée promptement ; car dépouillée de ses enveloppes naturelles, elle s'altère avec facilité.

Tous les moyens décrits ci-devant pour cribler, vaner la Faîne, sont applicables ici pour en séparer l'écorce.

Si l'on croit que par une première opération du tarare, la séparation de l'écorce d'avec l'amande n'est pas complète, il est facile d'y repasser le produit. L'écorce ou gros son séparé formera alors un déchet de trente-huit livres par quintal. On pourra retirer de ce gros son, en le repassant au tarare, une troisième fois, sept à huit livres de fragmens d'amandes mêlées de petit son.

Si l'on se sert du van ordinaire, et que l'on craigne que les plus petits fragmens d'amande ne soient emportés par le courant d'air, on peut pour plus grande économie, passer le tout auparavant au crible employé pour les grains.

Le meilleur moyen pour écorcer la Faîne, est donc l'emploi des meules de moulins. On peut y suppléer par tout autre moyen dont

2

le principe seroit le même, quoique l'exécution en fût plus grossière.

Tous les établissemens, machines ou instrumens qui servent à l'extraction des huiles de graines, peuvent servir à celle de la Faîne.

En général, ces instrumens sont imprégnés d'une odeur désagréable que toute huile acquiert en vieillissant. Ils doivent être nettoyés avec le plus grand soin, échaudés avec une forte lessive de cendres ou de potasse; et souvent encore les premières huiles de Faîne qui en seroient retirées, ne seront point propres à être mangées. La plus légère partie des crasses anciennes des instrumens, suffit pour altérer promptement la meilleure huile.

Cette lessive chargée par le nettoyage de beaucoup de crasse d'huile ; peut être employée dans la fabrication des savons mous qu'elle remplace jusqu'à un certain point.

Si les vieux ustensiles gâtent souvent l'huile, les neufs en font perdre, parce qu'ils en absorbent une partie.

Il seroit desirable que les moulins fussent assez multipliés, pour que les uns ne servissent qu'aux huiles de première qualité, et les autres à celles qui sont inférieures; ou au moins que l'on fit de suite, quand ils seroient uniques, toutes les huiles de même qualité. Sans cette précaution, la meilleure huile faite après de la mauvaise, est totalement gâtée.

Les parties des machines qui touchent à l'huile devroient être revêtues de fer battu, elles en seroient plus solides et plus faciles à nettoyer. Jamais dans la fabrication des huiles, on ne doit se servir de cuivre, à cause de la grande facilité qu'il a de se convertir en verd de gris par le contact de l'huile.

Les machines et instrumens se réduisent à quatre classes : ceux qui nettoyent la Faîne; ceux qui la divisent; ceux qui l'expriment et ceux qui conservent son huile.

Les premiers sont des cribles, van, tarare, moulin à farine.

II. Moulin à pilon, mortier, moulin à farine, bluteau.

III. Presse, sacs, chaudières.

IV. Tonneaux, jarres de grès, etc.

Ils ne sont pas tous nécessaires; les uns sont faits pour suppléer aux autres.

Toutes les machines doivent être mues par l'eau autant que cela est possible : on peut le plus souvent adapter aux moulins qui existent déjà pour d'autres emplois que celui des huiles, les machines qui peuvent y servir : alors le même moteur leur devient commun, et le mouvement se propage en allongeant les arbres tournans de ces moulins.

Ces moyens, ainsi que les machines les plus utiles, seront décrits ci-après.

Pilage. Pour obtenir l'huile, il faut diviser la graine qui la contient; on y parvient, suivant l'usage ordinaire, en faisant passer la Faîne non écorcée, sous des pilons; ils agissent dans des creux ou pots, formés dans une pièce de bois; plus leurs coups sont forts et fréquens, plus l'huile s'échauffe, et conséquemment s'altère : c'est une des raisons pour laquelle il est nécessaire d'ajouter à mesure un peu d'eau : on laisse reposer la pâte, pour qu'elle s'en imbibe, et l'on recommence à piler; trop d'eau feroit seulement une sorte d'émulsion. Les vraies proportions de l'eau y sont, dans ce cas-ci, d'une livre environ, sur quinze liv. de Faîne. La Faîne doit rester environ un quart-d'heure sous l'action du pilon; elle est assez pilée, lorsqu'en la pressant fortement dans la main, on apperçoit l'huile disposée à en sortir.

Pour réduire la Faîne en pâte, on peut se contenter en petit, d'un mortier ordinaire.

Écrasage. On supplée aux pilons par des meules de pierres dures posées sur champ, ou verticalement; elles agissent comme celles à écraser les pommes. Ces meules doivent se mouvoir sur une aire ou table solide, garnie d'un rebord, afin d'éviter les pertes. Des cylindres de fonte seroient préférables aux meules de pierres.

En Hollande, on écrase d'abord avec ces meules, on presse, puis on revient aux pilons; il paroît que cette double opération donne plus de produit.

Mouture. Un des meilleurs moyens de diviser l'amande de la Faîne, lorsqu'elle est écorcée, c'est de la réduire en farine grossière, avec des meules de moulins à farine. Cette opération est très-facile, très-prompte, les meules ne s'engrappent pas, sur-tout si elles ne vont pas trop vîte, et que l'air puisse facilement les rafraîchir.

Les petits fragmens d'amande, mêlés de petit son, dont on a déja parlé, peuvent être moulus à part, et donneront une farine bise, qu'on peut aussi presser à part, comme de qualité inférieure.

Il ne seroit peut-être pas impossible, en moulant la Faîne sans être écorcée, d'obtenir, par le blutage, la séparation de la farine, d'avec son écorce ou son; mais alors il faudroit, comme cela se pratique pour la graine de lin, un bluteau dont la toile seroit très-peu serrée; encore y auroit-il l'inconvénient que ce duvet fin dont on a parlé, et qui absorbe beaucoup d'huile, passeroit avec la farine.

Pour opérer en petit, on pourroit employer des moulins faits sur ceux à moutarde, dont la meule courante est mue, au moyen d'un bâton retenu par sa partie supérieure, dans un trou fait au plancher, et par sa partie inférieure, fixé dans cette meule.

Pressage.

UNE température douce et de l'eau, sont nécessaires pour obtenir une plus grande quantité d'huile ; trop de chaleur et trop d'eau l'altèrent.

La pression est le seul moyen d'obtenir l'huile ; plus elle est forte, plus le résultat en est considérable ; avec une forte presse on emploie plus de matières à la fois, et l'on obtient de l'huile de tourteaux secs en apparence, sortis de presses plus foibles.

Il faut ménager insensiblement l'action de la presse, donner à la fin le tems à l'huile de s'égoutter ; trois heures sont à peine suffisantes, quand les presses sont foibles.

Lorsqu'on s'est servi d'une presse peu forte, on peut presser de nouveau ; en divisant la pâte, en y ajoutant un peu d'eau tiède, elle fournira encore de l'huile, quoique d'abord les tourteaux aient paru parfaitement secs.

On se sert ordinairement de la presse à coin, qui fait partie de la machine à pilon, et qui est décrite ci-après. La pâte sortant des pots est soumise à la presse ; après une première expression, on l'en retire ; cette pâte devenue solide, s'appelle tourte, ou tourteau. Pour opérer une seconde pression, on pulvérise la pâte, on la fait chauffer dans des vaisseaux convenables, on y ajoute de l'eau chaude, en moindre quantité que pour la première expression ; on doit remuer la pâte pour qu'elle ne brûle pas ; n'en pas trop mettre, afin que l'opération soit facile ; avoir plusieurs de ces vaisseaux, suivant le besoin, afin que la presse soit toujours en activité.

La chaleur que doit éprouver la pâte, ne doit pas être telle, qu'on ne puisse y introduire la main sans se brûler.

Il sera parlé ci-après d'autres moyens de presser, entr'autres d'une presse à charnière. Cette charnière lie deux fortes pièces de bois à une de leur extrémité ; à l'extrémité opposée, une moufle, où une vis rapproche ces pièces de bois, et opère par ce moyen, une forte pression entr'elles, du côté de la charnière.

La presse ordinaire à vis, telle que celle dont les épiciers se servent, peut être employée en petit, en substituant à la vis de bois, une vis de fer, et fortifiant le reste de la machine à proportion ; on obtient encore un effet assez considérable ; suivant la force de la presse, on fait tourner la vis avec un levier plus ou moins long.

Enfin, un étau même peut servir en cas de besoin, pour de très-petites quantités.

Indépendamment de la presse et de ses détails qui seront donnés ci-après, il faut, pour completter l'opération du pressage, des sacs pour renfermer la pâte ou la farine, et des vases pour recevoir l'huile.

et chauffer les tourteaux, afin de les soumettre à une deuxième pression.

Ces sacs peuvent être cousus en partie, ou être formés chacun par un morceau d'étoffe assez grand, pour que ses bords repliés en tout sens, puissent contenir la pâte ou farine, d'une manière solide.

Pour arranger la pâte facilement au milieu du morceau d'étoffe, on pose dessus un cadre de bois de trois à quatre pouces d'épaisseur, assez grand pour contenir quatre à cinq livres de pâte ou de farine; on la moule dedans ce cadre, en appuyant dessus avec une planche; on retire le cadre, et l'on relève les bords du morceau d'étoffe, pour envelopper la pâte ou la farine.

Pour faire ces sacs, on peut se servir de tissus de crins, de treillis fabriqués avec de petites ficelles de chanvre, de coutil, de toute grosse toile forte, d'étoffe de laine, de tissus de joncs ou spart : le crin est préférable, parce qu'il n'absorbe point d'huile, parce que les mailles de son tissu ne se bouchent pas aisément, par sa durée, sa résistance à la force de pression; enfin, par la facilité qu'on a à le nettoyer.

Pour éviter que ces sacs ne crèvent, il faut d'abord ménager la pression; la difficulté, c'est d'en avoir qui puissent supporter la plus forte sans se rompre.

Le pourtour des tourteaux n'a point éprouvé une pression aussi forte que le milieu; il est utile de le remettre sous les pilons, pour être joint à une nouvelle pressée.

Les vases qui doivent recevoir l'huile qui sort de la presse, seront indifféremment de terres vernissées, de grès, de fayance ou de fer; ceux pour chauffer les tourteaux, pour plus de solidité, seront de fonte ou de fer battu étamé; ils n'ont pas besoin d'avoir beaucoup de profondeur.

Huile.

L'HUILE de Faîne bien faite est, après l'huile d'olive, la meilleure connue; on peut assurer même qu'on ne la distingue pas de celle qui ne sent pas le fruit; elle a sur l'huile d'olive un grand avantage, celui de se conserver dix ans et plus, sur-tout au froid : les premières années, au lieu d'éprouver de l'altération, elle acquiert même de la qualité; elle peut remplacer toutes les huiles, et suffire à tous nos besoins dans ce genre.

Elle est très-bonne dans nos alimens; elle brûle mieux que beaucoup d'autres huiles de graine; elle peut suffire pour le savon, dans la préparation des laines; pour la peinture dans laquelle elle sèche promptement; cette propriété légèrement siccative, la rend moins propre au travail des cuirs.

La Faîne, par les meilleurs procédés, rend à peu-près le sixième de son poids d'huile; elle peut être employée très-peu de tems après son extraction ; on hâte sa clarification en employant une douce chaleur, comme celle du soleil ou du bain-marie.

Son extraction est plus prompte que celle de colzat, chennevis et navette.

Sa bonté dépend de la manière de l'extraire ; elle est ou fade, ou d'une saveur agréable, ou âcre.

Sans eau, l'huile est fade, parce que, comme on l'a dit ci-dessus, l'eau étant le dissolvant du principe sapide contenu dans l'amande, elle sert de véhicule pour le faire passer dans l'huile ; avec de l'eau conséquemment, l'huile devient agréable au goût.

La Faîne trop chauffée donne une huile plus ou moins âcre.

Tableau des différentes Extractions de l'huile de Faîne.

La Faîne est {	Avec son écorce {	Pilée. Écrasée ou Moulue. }	Ire Expression sans feu	Avec de l'eau plus de produit, plus de saveur.
			IIe Expression avec du feu.	Plus âcre.
	ou	*Nota.* Pilée, l'huile est moins douce.	*Nota.* La première expression rend moitié plus que la seconde.	
	Sans écorce. {	Moulue Écrasée ou Pilée. }	*Voyez* l'expérience suivante. Successivement pour la même Faîne, donne plus de produit, c'est le procédé hollandais. *Voyez* ci-devant.	
		Nota. Sans écorce l'huile est plus douce.		

Nota. Sept livres de Faîne mondée, pressée sans eau, n'ont donné que trois onces d'une huile insipide ; après avoir ajouté dix onces d'eau tiède, on a obtenu quatorze onces d'une huile qui avoit une légère saveur d'amande ; la pâte restante, chauffée à trente degrés avec dix onces de nouvelle eau chaude, on en a retiré trois onces et demie assez trouble. Total vingt onces et demie. La presse étoit trop foible, aussi a-t-on employé trois fois trop d'eau, dont partie étoit unie à l'huile, mais qui s'est promptement précipitée.

Expérience.

Cent une livres huit onces de Faîne de deux ans ont été mises au fur et à mesure dans un petit moulin à farine, tourné à bras ; les meules en ont été écartées.

Cette première mouture n'a fait que concasser les graines, le tout a été passé deux fois au tarare ou crible à vent.

Les amandes séparées par ce moyen de leurs écorces, ont donné en farine assez grosse. . . . . 61 liv. 6 onces.

L'écorce séparée des amandes, en contenant encore quelques fragmens, a été repassée au tarare, et a donné un produit, qui étant moulu,

Ci-contre. . . . . 6i liv. 6 onces.
à fourni en farine bise. 7 12
La totalité des écorces ou gros son, a pesé. . 3i 2
Déchet provenant sur-tout du duvet qui s'é oit
envolé. 1 4

Total semb'ble au poids de la Faine ci-dessus. 101 8

Cette opération a duré environ quatre heures; faite moins en
petit, il y auroit de l'économie de tems.

Le calcul a démontré qu'il n'y avoit environ que deux livres d'a-
mande dans cette farine bise, d'où il résulte que le quintal de Faine
non écorcé, donne 62 livres d'amande et 38 liv. d'écorce.

Pour opérer sur un compte rond, on a pris 60 l. de la farine première.

On a ajouté 5 liv. 10 onces d'eau tiède, ou une once et demie
par livre, on a bien mêlé et laissé humecter le tout pendant une
demi-heure.

On a séparé cette pâte dans plusieurs sacs de coutil, et l'on a
pressé sous une forte presse à vis, quoique moyenne.

On a laissé égouter près de 4 heures, et
l'on a retiré. . . . . 11 liv. 4 onc. d'huile.

On a pilé les tourteaux en les humectant
avec 4 liv. d'eau chaude; ils ont été exposés
dans une bassine de fer, à une chaleur de
30 degrés pendant un quart d'heure.

La matière chaude remise sur le champ
dans les sacs, a donné d'huile. 1 12

Total. . . . . 13 l.

ou un peu plus du cinquième ou trois et demi par livre de Faine
mondée de son écorce; ce qui fait environ 13 livres pour 100 ou
environ le huitième, en y comprenant l'écorce.

L'huile du premier produit est devenu claire en quatre jours; sa
saveur étoit douce, avec un goût agréable d'amande.

Celle du deuxième produit s'est éclaircie plus tard, elle étoit plus
colorée, la saveur en étoit moins agréable; au bout d'un mois cependant elle s'étoit bonifiée sensiblement.

La pression pouvoit être encore plus forte, et alors le produit auroit
été plus considérable.

Il résulte, de ce qui précède et de quelques autres expériences, que
l'huile de la 1ere pression est en plus grande quantité,

Plus agréable au goût,
Moins colorée,   Que celle de
Fournit plus de dépôt   la deuxième.

C

Que toute l'huile de la Faîne écorcée ou mondée, comparativement à celle de chaque pression qui ne l'est pas,

Est en plus grande quantité,
Plus agréable au goût,
Moins colorée,
Fournit moins de dépôt.

L'HUILE de Faîne se conserve mieux que toutes les autres ; mais elle n'est pas moins susceptible qu'elles, de contracter facilement l'odeur des matières qu'elle touche.

Cette huile se conserve bien dans des tonneaux neufs ou vieux sans odeur ; les douves doivent être très-épaisses et bien cerclées, car cette huile s'échappe aisément : le bois de hêtre peut servir utilement pour les tonneaux ; on en resserre les pores en le chauffant. Dans les transports, on plâtre les fonds des tonneaux.

On peut la conserver très-bien aussi dans des vases de grès, comme jarres, pots, cruches, etc. S'ils sont enterrés, l'huile se gardera mieux, parce qu'elle recevra moins les impressions de la chaleur qui détériore promptement les huiles. On peut s'en dispenser, si le lieu du dépôt est très-frais.

Ces vases peuvent être fermés avec du liège, ou de toute autre manière ; il est utile de mettre sur le liège un tuileau pour empêcher les rats ou les souris de le détruire.

Les trois premiers mois, on doit soutirer l'huile deux fois, toujours avant de la remuer : au bout de cinq à six mois, on peut la soutirer une troisième fois ; elle n'acquiert toute sa qualité, qu'étant parfaitement claire.

Dans la fabrication ordinaire de l'huile de Faîne, trois cents pintes, mesure de Paris, frayent de dix pintes au plus pendant les six premiers mois ; et de trois pintes environ, pendant les six mois suivans.

Tourteaux. LES tourtes, tourteaux ou pains, sont le résultat de la Faîne privée de toute l'huile qu'elle contenoit.

Si cette Faîne n'avoit pas été écorcée, les tourteaux seroient alors beaucoup moins profitables pour la nourriture des animaux ; ils contiennent pour 50 livres d'amande, près de 40 livres d'écorce ou bois, d'une digestion impossible.

Si au contraire la Faîne a été écorcée, les tourteaux sont mangeables en entier, et servent avec le plus grand succès à l'engrais des porcs, des bœufs, des dindons, poules, etc. ; ils peuvent servir de nourriture à tous les animaux.

La Faîne donnée en nature aux porcs, aux dindons, rend leur lard et leur graisse peu solides, ils participent alors de la fluidité de l'huile qu'elle contient ; les tourteaux n'ont point cet inconvénient.

On réduit les tourteaux en poudre, que l'on mêle ordinairement avec la nourriture des porcs ; on peut la donner seule aux bœufs.

Au défaut d'emploi plus utile, les tourteaux suppléent à la pâte d'amande, font un bon feu, et leurs cendres donnent beaucoup de potasse.

Écorce. L'ÉCORCE dépourvue de toutes les amandes qu'elle contenoit, n'est plus bonne qu'à brûler, ses cendres contiennent aussi beaucoup de potasse. On soupçonne que cette écorce doit contenir le principe qui opère le tannage des cuirs.

2°. Instrumens et machines qui ont besoin d'être décrits.

On a déjà dit que, pour obtenir l'huile, il étoit indispensable de diviser la graine qui la contient; on peut opérer cette division de plusieurs manières, et par des moyens mécaniques différens.

Des Meules verticales de pierre dure.

Meules verticales. L'ON fait usage avec succès, pour écraser toutes sortes de graines, d'une ou de deux meules verticales de pierre dure, jusqu'à un diamètre d'environ sept pieds sur dix-huit à vingt pouces d'épaisseur.

L'axe de ces meules est fixé à un châssis, qui embrasse un arbre vertical, tournant sur pivot, et placé au centre d'une forte table de pierre. Le mouvement de rotation qu'on lui communique, imprime à chaque meule deux mouvemens.

1°. Le mouvement de rotation sur elles-mêmes.

2°. Celui qu'elles subissent en décrivant un cercle sur la table de maçonnerie sur laquelle elles roulent.

L'axe de chaque meule doit être ajusté de manière que la meule puisse hausser ou baisser, suivant le besoin.

L'une de ces pierres ou meules est plus rapprochée de l'arbre vertical que l'autre, de manière qu'elles occupent une plus grande étendue sur la table, et écrasent ensemble plus de graines ; à l'aide de deux *ramoneurs* qui suivent les meules dans leur mouvement, et conduisent sans cesse les graines sous leur passage, elles sont écrasées dans tous les sens : le ramoneur extérieur est garni d'un chiffon de toile qui frotte contre la bordure, ou contour de la table, et entraîne le peu de graines qui resteroient dans l'angle de ce contour.

L'opération des meules donne une graine bien écrasée, sans l'échauffer, et par conséquent elle fournit à la presse ou au tordage, beaucoup plus d'huile vierge, c'est-à-dire, tirée sans feu.

MOULIN A HUILE, OU TORDOIR.

PLANCHE PREMIÈRE.

Explication et usage des pilons. (Fig. 1ere.).

Moulin.

LORSQU'ON a un moteur tel que l'eau ou le vent, on peut en faire usage, pour faire jouer plusieurs batteries de pilons, par le moyen d'un seul arbre ou tournant garni de cames.

Une des batteries de pilons sert à broyer les graines dans des pots ou mortiers de bois, et l'autre à faire jouer les coins de la presse.

La pièce la plus essentielle d'un tordoir, après l'arbre du premier moteur, est une grosse poutre de bois de hêtre, d'orme ou de chêne, d'environ douze pieds de long sur deux pieds d'équarrissage.

A là distance d'un pied de l'une des extrémités de cette poutre, sur la gauche, on a creusé quatre pots ou mortiers, disposés sur une même ligne, et distant l'un de l'autre de 6 à 7 pouces.

L'intérieur de chacun des pots est vidé en ventre de cruche; leur fond est garni d'une plaque ronde de fer, de six pouces de diamêtre.

Les quatre mortiers occupent un espace d'environ quatre pieds et et demi, un peu plus du tiers de la poutre; le reste de l'arbre à droite est ordinairement la tête de la culée; on y a creusé, à deux pieds de distance des pots, une auge rectangle de deux pieds de long, de treize pouces de large, et de quatorze pouces de profondeur; on nomme cette auge ou creux, la laye: au fond de la laye, et vers chacune de ses extrêmités, on a creusé deux rigoles pour faciliter l'écoulement de l'huile, dans des vases placés au-dessous du massif.

Le reste du bloc, sur la droite, est conservé dans son entier et dans toute son épaisseur.

Au-dessus du bloc, on a établi deux moises fixées par leurs extrémités, sur les traverses du bâtis du tordoir.

La première moise est élevée au-dessus du bloc d'environ trois pieds, et l'intervalle de celle-ci à la seconde, est d'environ quatre pieds.

Les deux moises servent à maintenir et guider les deux batteries de pilons, qu'un même arbre de la roue du premier moteur met en jeu à l'aide des cames dont il est muni.

Le nom de pilon indique assez sa destination, celle de piler la Faîne. C'est une solive de bois de hêtre d'environ douze pieds de long, sur six à sept pouces d'équarrissage, dans la partie supérieure qui traverse les moises; la partie inférieure qui joue dans les pots ou mortiers , est arrondie sur la longueur de dix-huit pouces , et se réduit à un diamètre de cinq pouces ; vers l'extrémité , elle est cerclée d'une virole de fer de six lignes d'épaisseur , et de deux pouces de largeur ; le bout est ferré de plusieurs cloux à grosse tête.

La chûte ou portée de chaque pilon est d'environ dix-huit pouces, mesuré du fond du mortier.

Quand la Faîne est triturée convenablement , on suspend l'action du pilon , à l'aide d'une corde attachée à l'extrémité d'une sorte de bascule ou levier à charnière , qui retient le pilon à l'instant où il est élevé par la came de l'arbre tournant ; la corde porte un nœud qu'on pose sous deux chevilles pour s'en débarrasser ; on la retire d'entre ces deux chevilles , quand on veut remettre en jeu les pilons pour broyer de nouvelle Faîne , après avoir retiré des pots celle qui l'a été.

Explication et usage de la presse ou tordoir.

Presse. LA Faîne suffisamment broyée retient encore toute-son huile ; on la dépose dans un auget placé au-devant du bloc ; à côté de l'auget est une table sur laquelle sont deux toiles de treillis , formant un sac chacune par une de leurs extrémités ; la gueule de ces sacs est très-évasée ; on y fait entrer la Faîne que l'on étend sur une largeur de dix pouces , et deux pieds de longueur ; on plie chaque sac en deux, ce qui forme un gâteau qu'on enveloppe d'une sangle de crin ; on les introduit dans la laye pour être pressés tous deux en même tems.

Pour cet effet , *la laye* contient plusieurs pièces de bois dur ; 1º deux planches épaisses qui s'appliquent immédiatement contre les gâteaux qui occupent les deux bouts de *la laye* , ces deux pièces se nomment fourneaux ; 2º un coin à droite et un décoin à gauche ; 3º au milieu une planche qu'on nomme la *clef*.

Nous avons parlé de deux batteries de pilons mises en jeu par le même moteur. La première sert à piler la Faîne comme il a été dit plus haut. La seconde composée seulement de deux pilons, est destinée au service particulier de la presse. Ces deux pilons se partagent le travail ; l'un serre le coin, et se nomme *la hie* ; et l'autre plus petit, desserre le décoin, et se nomme la *déhie* ; ils font tous deux l'office du maillet.

Leur extrémité inférieure est terminée par une tête d'environ dix pouces carrés ; ils sont construits en bois de hêtre, ainsi que le coin, le *décoin*, les *fourneaux* et la *clef*.

Toutes les pièces étant disposées dans la laye, suivant l'ordre indiqué, on fait agir *la hie* sur le coin, on la laisse opérer ; et, en moins de trois minutes, l'écoulement de l'huile se fait de chaque gâteau , ensuite on fait agir la déhie sur le décoin, et la clef, ainsi que toutes les autres pièces sont dégagées ; alors on retire facilement chaque

gâteau, en saisissant des deux mains les extrémités des sangles de crin.

L'explication des figures de la première planche, en faisant connoître les dimensions des principales parties qui composent le moulin à huile que nous venons de décrire, rappellera encore brièvement la manière d'en faire usage.

MOULIN A HUILE, OU TORDOIR A BRAS.

PLANCHE DEUXIÈME.

Quoique les moulins à huile que l'eau ou le vent met en jeu, soient plus économiques et bien préférables à tous ceux que l'on peut faire agir à force de bras, ou par tout autre moyen ; il est nécessaire cependant de faire connoître ces derniers, qui sont très-utiles dans beaucoup de circonstances.

Les habitans d'un même canton pourroient construire, à peu de frais, un tordoir à bras pour faire leur huile. Ce tordoir auroit l'avantage de se transporter, et pourroit servir à plusieurs ménages, qui se le communiqueroient tour-à-tour.

Ce moulin ou tordoir à bras consiste en deux machines principales.

Figure première.

Un mortier de bois dur avec un pilou qu'on met en jeu avec une manivelle, dont l'axe est un cylindre muni de deux cames.

Figure deuxième.

Un bloc en bois contenant la laye et ses accessoires, pour presser deux gâteaux à la fois avec un seul coin, placé au milieu, et dans une disposition horisontale : on enfonce le coin avec un maillet suspendu au plancher, il agit à l'instar du bélier.

EXPLICATION

Succincte de chaque figure de la première Planche, représentant le moulin à huile ou tordoir, ayant pour moteur l'eau ou le vent.

PLANCHE PREMIERE.

Figure Ire

PLAN du moulin à huile ou tordoir où l'on voit le fond de la laye (C), les mortiers (B), l'action des pilons (M) de la *hie* (N), de la *déhie* (O), la table, l'auget et l'arbre tournant (I), muni des roues à cames (J), qui mettent en jeu les deux batteries des pilons.

IIe

ELÉVATION du tordoir, vue pardevant ; elle représente la hie (N) et la déhie (O) et les quatres pilons (M), dont deux suspendus et les deux autres abaissés dans les mortiers (B) qui leur correspondent.

IIIe

COUPE et profil en travers du tordoir, par un des mortiers (B) qui montre l'action des deux batteries des pilons et des leviers à charnières, qui servent à les suspendre.

IVe

COUPE et profil du tordoir à travers la laye (C), représentant la hie tombée sur le coin (H), et la déhie suspendue au-dessus du décoin (G).

V^e

PROFIL extérieur d'un des bouts de la charpente (Q) du moulin qui porte les extrémités des moises (P), et les morceaux de bois qui soutiennent les pivots de l'arbre moteur.

VIe

PLAN d'une des moises (P) faites de deux pièces portant des entailles correspondantes qui forment les ouvertures dans lesquelles passent les queues des pilons.

VIIe

PLAN de la surface du bloc (A) où l'on voit le fond de la laye (C) et les mortiers, ainsi que les supports de l'auget et de la table.

VIIIe

LE bloc (A) vu pardevant, ainsi que les supports de l'auget et de la table, et les trous qui servent à l'écoulement de l'huile.

IXe

COUPE du bloc dans sa longueur et par le milieu de son épaisseur pour montrer les rigoles (C) pratiquées au fond, à chaque extrémité de la laye, et la profondeur des mortiers (B).

X   Vue de face et de profil des pièces détachées des leviers à charnières, qui servent à suspendre chaque pilon.

XI   (1) Coupe de la laye (C) par le milieu de sa longueur, le coin (H), le décoin (G), la clef (F), les deux fourneaux (D , E), et les gâteaux de Faine en place.

XII   Le fourneau à gauche (D).

XIII   Le fourneau à droite (E).

XIV   La clef du milieu (F).

XV   Le décoin (G).

XVI   Le coin (H).

XVII   La poche ou sac de forte toile.

XVIII   La sangle de coin.

} Vus de face et d'épaisseur.

Dimensions et assemblage des principales pièces.

			Pieds.	pouces.	lignes.
A. Bloc de bois dur,	{	Longueur.	11	6	
		Epaisseur.	1	6	
		Hauteur.	2		
B. Quatre mortiers ; le centre du premier à gauche					
du bout du bloc, est à.			1	8	
Leur intervalle mesuré de centre à centre, est de.			1	4	
Leur profondeur, de.			1	6	
Leur diamètre, {	à l'ouverture, de.				8
	au fond, de.				6
C. La laye distante du bout du bloc à droite, est de.			2		
Longueur.			2		
Largeur.			1	1	
Profondeur.			1	2	

(1) Les figures suivantes sont dessinées sur une échelle double de celle du plan.

Dimensions

Dimensions des rigoles pratiquées à chaque extrémité de la laye, pour l'écoulement de l'huile.

	Pieds.	pouces.	lignes.
Largeur.			5
Profondeur. { à la naissance.			1
{ vers le trou de sortie.			2
D. Fourneaux à gauche. { hauteur.		1	2
{ largeur.		1	
Epaisseur du bout en . { haut.			4
{ bas.			3
E. Fourneau à droite, mêmes dimensions.			*idem.*

F. La clef a la même largeur et hauteur que les fourneaux.

	Pieds.	pouces.	lignes.
Son épaisseur en. { haut.			4
{ bas.			3
G. Le décoin, longueur totale.		1	7
Hauteur et épaisseur de sa tête.			5
{ base.			5
Epaisseur à la { pointe vers l'épaulement de la tête.		2	6
H. Le coin, longueur.		1	2
Epaisseur à la { tête.			6
{ pointe.		2	6
Largeur.		1	
I. L'arbre tournant, longueur totale.	14	9	
Grosseur.	1	6	
Le diamètre de la roue à aubes, placée sur une des extrémités de l'arbre, est de.		9	

Ses dimensions peuvent varier suivant le courant ou la chûte d'eau où le moulin se trouvera placé.

J. Deux roues à cames pleines, formées de deux épaisseurs de planches.

	Pieds.	pouces.	lignes.
Epaisseur.			6
Diamètre.		4	
Longueur totale des cames.		1	7

Chaque roue porte six cames espacées également, trois d'un côté, et trois de l'autre.

D

	Pieds.	pouces.	lignes.
Diamètre du corps.		3	6
Longueur du tenon.		9	
Epaisseur.		2	
Largeur.		3	6

L. Deux cames jumelles réunies par une traverse qui termine leur saillie.

| Longueur de la traverse. | | 2 | |
| Saillie sur l'arbre y compris la traverse. | | 1 | |

M. Quatre pilons, longueur. ... 12

Equarrissage de la partie qui traverse les moises, ou de la queue.		6	
Longueur de la tête.		6	
Son diamètre à sa { naissance.		6	
{ pointe.		5	
Chaque pilon porte un mentonnet à la hauteur de.	1	8	
Longueur totale du mentonnet.	1	4	
Saillie du mentonnet.		10	
Epaisseur.		3	
Largeur.		4	

N. La hie, longueur totale. ... 10 ... 4

Longueur de la tête.	1	4	
Equarrissage.		10	
Equarrissage de la queue.		6	

O. La déhie, longueur totale. ... 9 ... 4

Longueur de la tête.		10	
Equarrissage.		8	
Equarrissage de la queue.		4	

La hie et la déhie portent chacune un mentonnet semblable à ceux des pilons, mais dont les tenons traversent les têtes de ces deux pièces.

P. Deux moises, formées chacune de deux pièces de bois dur, longueur. ... 11 ... 6

| Largeur de chacune des pièces. | | 10 | |
| Epaisseur. | | 2 | |

Q. Bâtis ou charpente servant à supporter les moises (P) et autres accessoires.

| Sa distance des bouts du bloc (A) à { gauche. | | 6 | |
| { droite. | 1 | | |

	Pieds.	pouces.	lignes.
Sa hauteur totale, mesurée de terre.	10	4	
Sa largeur en dessous.	2	6	
Équarrissage des montans (R).		6	
Longueur du chapeau (S).	5	9	
Équarrissage.		6	

Les montans (R) sont assemblés par des entre-toises (T), dont l'objet est de porter les moises (P), la première au-dessus du bloc , à la hauteur de.   3   3
La seconde moise est distante de la première de   4   3

PLANCHE SECONDE,

Divisée en deux parties.

PREMIERE PARTIE.

Du Mortier à bras.

Figure Ire   PLAN des patins (B) assemblés par des traverses et formant châssis sur lequel le mortier (A) est assis et maintenu dans des rainures.

IIe   PLAN et coupe du mortier (A) à la hauteur de l'arbre à cames (K). On voit le mortier tiré en avant pour pouvoir facilement en retirer la Faîne broyée.

IIIe   PLAN du mortier (A) vu par-dessus ; il présente les quatre tenons qui entrent dans les entailles des patins (B) et se logent dans les rainures à coulisses, pratiquées sur les bords intérieurs.

IVe   ÉLÉVATION et coupe du mortier par le milieu , qui montre sa cavité et les tenons logés dans les rainures des patins.

V^e   ÉLÉVATION et vue de derrière du mortier et du bâtis (D).

VIe   PLAN du bâtis (D) vu par dessus.

VIIe   LES deux moises (E , F) détachées du bâtis.

VIIIe   ÉLÉVATION et coupe du mortier (A) et du bâtis.

IXe   ÉLÉVATION du bâtis (D) vu du côté de la manivelle.

D 2

Dimensions et assemblage des pièces.

	Pieds.	pouces.	lignes.
A. Mortier en bois dur, hauteur.	1	6	
Équarrissage.	1	2	
Profondeur de la cavité formant ventre de cruche.	1	3	
Diamètre de la cavité { au fond.		3	
vers le milieu. . . .		10	
à l'entrée. . . .		8	
B. Deux patins, longueur.		4	
Largeur.			7
Épaisseur.			5
Les deux patins, assemblés à leur extrémité par deux traverses formant un châssis de la largeur, en dehors de.		2	
D. Deux montans fixés sur les bords extérieurs des patins et distant du devant de. . . .		1	4
Hauteur totale.		5	8
Largeur.			10
Épaisseur.			3
E. Moise inférieure placée entre les deux montans (D), à la hauteur prise au-dessus du mortier, de.		2	4
Largeur.			10
Épaisseur.			2
F. Moise supérieure fixée à l'extrémité des deux montans (D), même largeur et épaisseur que la première; elles sont percées dans le milieu d'un trou carré pour le passage de la queue du pilon.			
G. Pilon, longueur totale.		5	6
Longueur de la tête formant un cône tronqué. .		1	
Son diamètre à l'origine de la queue. . .			6
A l'extrémité.			8
Équarrissage de la queue.			4
H. Deux mentonnets jumeaux arcboutés en-dessus, et contenant une molette à leurs extrémités.			
Saillie des mentonnets.			9
Diamètre de la molette.			4
Épaisseur.		1	6

	Pieds.	pouces.	lignes.
I. Deux bras fixés à chaque montant (D), et portant l'arbre à cames, à la distance des montans de.		10	
Longueur, non compris les tenons.	1	2	
Largeur.		8	
Épaisseur.		3	
K. L'arbre à cames, longueur, non compris les tourillons.	1	6	
Il est renforcé vers le milieu et traversé d'une pièce de bois dur de la longueur de.	1	9	
Les extrémités de cette pièce forment deux cames de la largeur de.		2	
De l'épaisseur de.		1	6
Diamètre de l'arbre de.		7	

Les tourillons sont formés de la même pièce. On peut les construire en fer. L'un de ces tourillons porte une manivelle et l'autre un volant, pour rendre le mouvement plus régulier.

SUITE DE LA PLANCHE SECONDE.

DEUXIEME PARTIE.

Explication des figures de la presse à bras.

Figure Ire. CHEVALET pour contenir le bloc (A).

IIe LE bloc (A) vu par dessus, on y voit l'intérieur de la laye (B).

IIIe COUPE du bloc (A) par le milieu de sa longueur où l'on voit la profondeur de la laye (B), les rigoles pour l'écoulement de l'huile, et l'ouverture par où passe le coin (E).

IVe LE bloc (A) vu par-devant qui montre l'entrée du coin (E), et le trou pour le passage de l'huile.

V^e (O) COUPE en travers de la laye par une des rigoles.
(P) COUPE en travers de la laye par le milieu.

VIe LE coin (E) vu sur deux faces.

VIIe FOURNEAU (D) *dessiné sur une échelle double*, vu de face et par dessus.

VIII⁰ Bras de fer qui sert à unir le maillet (F) à son manche (G.), à la clavette fixée par le milieu au bout d'une corde, *dessiné sur une échelle double.*

IX⁰ Coupe du bâtiment en longueur et en travers du bloc (A) par le milieu de la laye ; on voit le coin en place, la suspension du maillet et la manière de changer le point de suspension, pour que le même maillet puisse servir à repousser le coin.

X⁰ Plan du local et emplacement du bloc (A).

XI⁰ Pièces détachées qui servent à la suspension du maillet.

Diamètre des pièces.

		Pieds.	pouces.	lignes.
A. Bloc en bois dur. { Longueur.		6		
Hauteur			2	
Epaisseur.			1	10
B. La Laye.. . . . { Longueur.			1	4
Largeur			1	1
Profondeur,.			1	3
C. Trou carré pratiqué dans le milieu des parois de la laye pour l'entrée du coin de. . .				7
Trou correspondant au premier pour la sortie du coin, seulement de la largeur de. . .				4
D. Deux fourneaux de même forme, hauteur. .			1	2
Largeur.			1	
Epaisseur sur un des bords.				4
Sur l'autre..				2
E. Un coin de bois dur, longueur. . . .		1	2	9
Epaisseur.				6
Grosseur vers la { tête,.				6
{ pointe.				2
F. Maillet de bois dur, longueur. . . .			3	9
Equarrissage..				10
Manche par lequel il est suspendu, longueur.			12	
Largeur.				8
Epaisseur.				2
G. Pièces de bois servant à suspendre le maillet, elles forment une coulisse de la longueur de.			5	

Pieds. pouces. lignes

Pour le changement de position, distante du
point de suspension du Maillet, au moment
où il agit sur le coin, à la verticale tombant
sur le devant du bloc. 2 3

OBSERVATIONS.

Parmi les ustensiles et machines qui ont été indiqués pour l'extraction de l'huile de Faîne, on a parlé des petits moulins et du
crible à vent, connu sous le nom de Tarare. Les premiers servent
pour concasser la faîne et la réduire en farine. Le dernier pour
séparer de l'amande son écorce et les corps légers qui lui sont
étrangers.

Les arbres tournans des moulins à farine, ou de toute autre usine,
dont la force excède presque toujours celle qui leur est absolument
nécessaire, peuvent servir à mettre en mouvement un petit moulin et un tarare, par l'addition seulement de quelques pieces peu
coûteuses dont la disposition et la forme doivent varier suivant
les circonstances locales.

Il est nécessaire de placer à côté du moulin, tel qu'il soit, dont
on se servira pour concasser la faîne, un tarare; il suffit qu'il soit
construit simplement comme il suit :

Un axe de fer portant huit aîles de bois disposées en rayons,
les fait tourner avec vitesse dans une caisse en forme de tambour
qui ne doit point gêner le mouvement des aîles. Ces aîles de bois
léger sont de l'épaisseur de huit lignes, de la longueur chacune de
15 pouces, sur deux pieds de largeur. Ce tambour est ouvert seulement du côté du moulin, de manière que le vent excité par la rotation des aîles, traverse la faîne concassée à mesure qu'elle tombe
en nappe ; cette nappe est produite à l'aide d'une petite planche
inclinée placée au-dessous de l'anche du moulin.

Une autre planche placée inférieurement à celle-ci, à huit à dix
pouces de distance, conduira l'amande de la faîne du côté du tarare,
tandis que le duvet et les parties légères s'envoleront du côté opposé.

Les aîles du tarare peuvent être mises en mouvement par une
corde et deux poulies dont une seroit placée sur un des tournans
du moulin, et l'autre sur l'axe du tarare.

Parmi les moyens qu'on a indiqués pour presser la faîne, il en
est un, après le pressoir à coins, auquel on pourroit donner la pré-
férence, c'est un pressoir à leviers. Il est composé de deux fortes
pièces de bois, dont une de leurs extrémités est contenue par un
châssis à l'instar du pressoir à vis; l'autre extrémité est rapprochée
par une moufle. Les poulies qui la composent sont fixées sur cha-

vent des extrémités des deux léviers, le bout de la corde, après avoir embrassé deux ou trois de ces poulies, vient se rouler sur un treuil fixé sur un châssis qui embrasse l'extrémité du lévier inférieur, dont la longueur excède un peu le lévier supérieur. A l'aide d'une manivelle ou de deux, placées à chaque extrémité du treuil on rapproche les deux leviers qui opèrent une pression, plus ou moins forte, en raison de la longueur des leviers et de la composition de la moufle. Cette sorte de presse à double levier et à moufle, est d'un effet assez considérable, parce que le gâteau de Faîne n'ayant que peu d'épaisseur, on peut le placer très-près de la charnière, entre deux morceaux de bois dur, assez épais pour résister à l'effort du lévier.

Les Commissaires et Adjoint.

Signé BERTHOLLET ; L'HÉRITIER ; TISSOT, Adjoint par *interim.*

Fig. 2.

Fig. 3.

Fig. 4.

Fig. 5.

Fig. 6.

Fig. 1.

Fig. 7.

Fig. 8.

Fig. 9.

Echelle

PL. II.

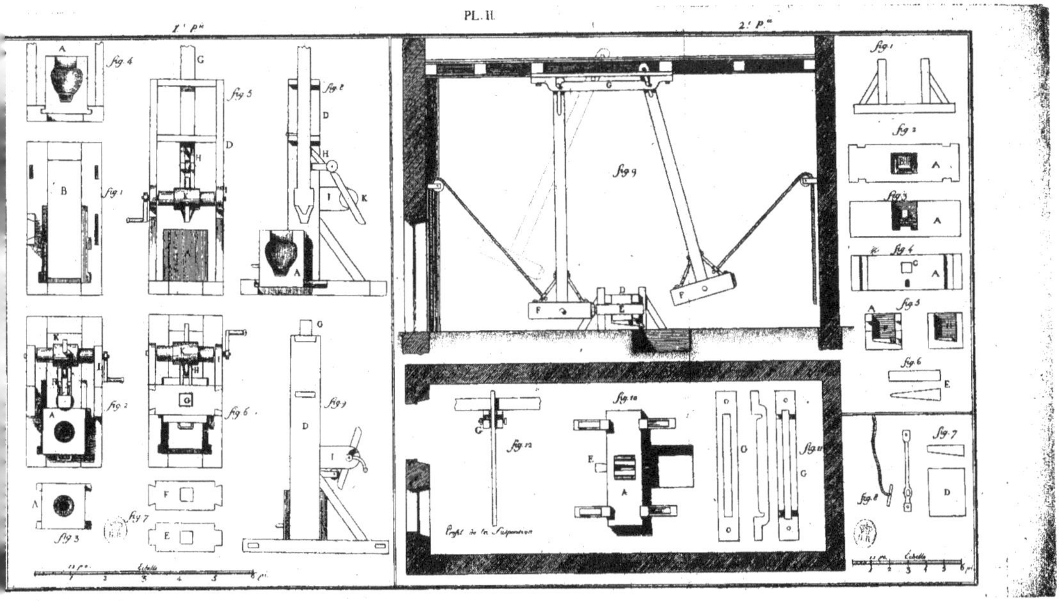

www.ingramcontent.com/pod-product-compliance
Lightning Source LLC
Chambersburg PA
CBHW070753220326
41520CB00053B/4312